SAD ANIMAL FACTS

せつない
動物図鑑

ブルック・バーカー
服部京子 訳

ダイヤモンド社

ボアズへ
もしあなたがバッタなら、
2階建てのビルだって
とびこえられるわ

SAD ANIMAL FACTS
by Brooke Barker

Copyright © 2016 by Brooke Barker
All rights reserved.

Japanese translation rights arranged with
The Marsh Agency Ltd & Aragi Inc.
through Japan UNI Agency, Inc.

はじめに

「どんな生き物とも、お友だちになれますように」

わたしが生まれた日、ちょっと変わったメッセージをそえて、おばあちゃんが動物の赤ちゃんの本をプレゼントしてくれました。

その言葉どおり、わたしは生き物が大好きになりましたが、両親はペットを飼わせてくれなかったし、わたしがくらしていたカナダのトロント郊外のアパートメントは、動物たちがすむような場所からとても遠かったのです。だから、子どものころのわたしは、動物の本をかたっぱしから読みあさることで満足するしかありませんでした。

動物たちはやわらかそうで、かわいくて、驚くべき能力をもっているけれど、かれらのくらしはけっして楽しいことばかりではありません。わたしは本を読んだことで、動物だってかれらなりの「せつなさ」をかかえていると気づいたんです。たとえば、こんなことあなたは知ってる？

- ウミガメは大きくてちょっとこわいけど、一度もお母さんに会ったことがない
- タコには友だちがいない
- シマウマはひとりで寝られない

わたしたちがそうであるように、きっと動物にだって悲しいことがたくさんあります。それでも、一生懸命生きているんです。

わたしは動物たちの「せつない真実」について、夢中で本を読み続けました。小学校3年生のとき友だちのお誕生日パーティーに

ミツバチのむれが飛びこんできて、大さわぎになったことがあります。パーティーからの帰り道、車で送ってくれた友だちのお母さんに、わたしが何て言ったと思う？

「ミツバチは針で人をさすと死んじゃうんだよ」

何年か前の夏、わたしはクジラを見るために7時間のホエールウォッチング・ツアーに参加しました。でも、クジラは1頭もあらわれず、ツアーが終わるころには、船長はお客さんにあやまりっぱなし。そのとき、わたしは大海原の一点を見つめながら、こんなことを考えていたの。

クジラは歌でなかまとおしゃべりするけれど、もしもオンチなクジラがいたら、その歌声はなかまたちにちゃんと聞き取ってもらえず、かれはむれからはぐれてしまう。

その一生は、クジラを1頭も見つけられないホエールウォッチング・ツアーと同じかもしれない、って。

動物について知れば知るほど、わたしはかれらのことをだれかに伝えたくてたまらなくなりました。数年前に図書館で司書として働いていたころ、ひまな時間は紙のうらに動物の絵を描いていました。「今度は○○を描いてみて」とまわりからリクエストされるようになると、絵といっしょにその動物について調べたことも書きそえるようになったのです。たとえば「キングコブラは毒液を3mも飛ばせる」とかね。そのうちに、聞いたこともない動物のことまで、頼まれて描く

ようになったのです。

　動物のことを調べていると、だんだん、かれらが自分の生き方について話したり文句を言ったりする声が聞こえてくるような気がしてきたの。

　キリンの赤ちゃんは、お母さんが立ったまま出産するせいで、生まれた瞬間に高さ2mのところから地面に落ちなきゃいけない。そのとき、きっとこう思うでしょう。「これじゃ、先が思いやられる」って。

　心臓が5つもあるミミズは「心はいくつもあるけれど、愛する人はひとりでたくさん」なんて思っているかもしれません。

　魚だってほ乳類だって、地球上のすべての動物に、それぞれせつない事実があります。**自分のしっぽを食べちゃう動物、鏡にうつった自分の顔がわからない動物、悲しくなんかないのに泣かずにいられない動物**……。

　でも、この本を読んで、みんなに「かわいそう」と思ってもらいたいわけではありません。ただ、動物のことをもっと身近に感じてもらいたいだけ。動物どうし、だれだって友だちになれるのだから。ときには友だちを食べちゃうこともあるけどね。

ブルック・バーカー

はじめに …… 3
この本の楽しみかた … 14

1 ちょっとした、せつない告白。

ウマは笑う。でも、じつは空気のにおいをかいでるだけ	16
ワニの脳はオレオより軽い	18
カンガルーはけんかに負けるとせきをする	19
ゴリラは人間からかぜをうつされる	20
カラスはきらいな人間の顔を忘れない	22
ハトはめんどくさいことを先のばしにする	23
トカゲは自分のしっぽを食べる	24
サイは悲しそうに鳴く	26
ファイアサラマンダーはときどき家族を食べる	27
ラッコといっしょに泳ぐと、人間は1時間で死ぬ	28
ネズミにはほかのネズミの悲しみがうつる	30
モルモットは目を開けて寝る	31

アデリーペンギンは、がけからなかまをつき落とす … 32
ニシンはおならで会話する … 34
アナホリフクロウはこわいことがあると笑ってしまう … 35
ウミイグアナの鼻をなめるとしょっぱい … 36
ハイエナの好物はくさった肉 … 38
ライオンのオスは
狩りをしないくせに先に食事をする … 39
イヌはテレビが好きなふりをする … 40
カメはおしりのあなから息をする … 42
ウシのお乳の量は、気持ちに左右される … 43
ゴリラはウソをつく … 44
アボカドはハムスターには毒 … 46
コロブスモンキーは、
だれも食べたがらないものを食べる … 47
チンチラは、一度ぬれたらかわかない … 48

もくじ

2 できなくて、せつない。

- シマウマはひとりで寝られない ……… 50
- 一匹狼は遠吠えをしない ……… 52
- ハエが出せる音は「ソ」だけ ……… 54
- フクロウの目玉は動かない ……… 55
- トリは宇宙へ行けない ……… 56
- リスは鏡にうつった自分の顔がわからない ……… 58
- エミューはうしろ向きに歩けない ……… 59
- コウテイペンギンは家族の顔がわからない ……… 60
- イルカは脳の半分ずつしか眠れない ……… 62
- アザラシは水中では夢を見られない ……… 64
- ゾウはジャンプができない ……… 65
- キリンが眠れるのは1日に3時間だけ ……… 66

3 恋は、せつない。

- タスマニアデビルのメスは、強さへのこだわりがはんぱない …… 68
- カバは好きな子におしっこをかける …… 70
- メンフクロウの夫婦の離婚率は25% …… 71
- クジャクのオスはモテてるふりをするために鳴く …… 72
- コボウシインコは、好きなメスの口にゲロを流しこむ …… 74
- コオロギのメスは鳴かない …… 75
- オスの子イヌは、メスとのけんかにわざと負ける …… 76

- フラミンゴが片足立ちする理由はよくわからない …… 78
- ワオキツネザルはくさければくさいほど出世する …… 80
- ハクトウワシは巣を巨大化させすぎて木から落としてしまう …… 82
- セイウチはえものにフーフー息をかけて食べる …… 83
- チュウハシはわきのにおいをかぎながら寝る …… 84
- カモノハシは目をつむって泳ぐ …… 86
- トンボはひいおじいちゃんの言い伝えを守って旅している …… 88

4 そのこだわりが、せつない。

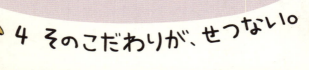

5 へんてこで、せつない。

- ニュウドウカジカには筋肉がない……90
- ナマケモノのトイレは週に1回だけ……92
- チョウは足で味を感じる……93
- ビーバーはつねに何かをかじっていないと死んじゃう……94
- ディクディクはなわばりを主張するために泣く……96
- トビイロホオヒゲコウモリが起きていられるのは1日に4時間だけ……97
- アメリカグマは冬眠しすぎて時差ボケになる……98
- パンダはどこでも寝る……100
- アリが寝るのは1日に16分間だけ……101
- シュモクザメは電気に敏感……102
- コモリザメは1日に3本歯がぬける……104
- ツチミミズには心臓が5つある……105
- カクレクマノミの体はぬるぬる……106
- キツツキは長〜い舌が頭がい骨をぐるりとおおっている……108
- メガネザルの目玉は胃よりも大きい……109
- 人間がハチドリなみにエネルギーを使うとすると1日にハンバーガーを400個食べないと死ぬ……110
- フェネックギツネは体の3分の1が耳……112
- カツオノエボシの体はたくさんの生き物が集まってできている……113
- サソリは夜に活動するくせに暗闇で光っちゃう……114
- ヒツジが覚えられる顔は50個まで……116

6 すごいけど、せつない。

カタツムリの目は切られても再生する ……… 118

ミツバチは500gのハチミツをつくるために、
2000万円ぶん働く ……… 120

ヤギは正面を向いていても
自分のおしりが見えている ……… 122

タランチュラは、
2年間何も食べなくても死なない ……… 123

プラナリアはふたつに切られても死なないどころか、
記憶をもったまま2匹に増える ……… 124

コビトキツネザルは家のまわりをうんこでかこう ……… 126

ラクダは100ℓの水を15分で飲みます ……… 127

ワニは、恐竜がいた時代からずっとワニ ……… 128

オーストラリアでは、
アカガニのせいで道路が通行止めになる ……… 130

コイは200年生きられる ……… 132

キーウイはいやな思い出を5年間忘れない ……… 133

アホウドリは19km先にある
死んだ魚のにおいがかげる ……… 134

テナガザルの鳴き声は3km先まで聞こえる ……… 136

アライグマは小銭をぬすめるくらい手が器用 ……… 138

7 おとなになるのは、せつない。

ゾウの子どもは鼻をしゃぶる ……………… 140

アヒルは生まれてから
10分以内に見たものを何でも親とみなす …… 142

生まれた瞬間キリンは2m落ちる ……………… 144

エリマキキツネザルのお留守番は、命がけ …… 145

サイチョウのヒナはひきこもり ………………… 146

ミーアキャットの赤ちゃんは、
親から死んだサソリをプレゼントされる ……… 148

カナダヤマアラシは
生まれて数分でトゲトゲになる ………………… 149

タテゴトアザラシの子どもは
氷の上に置いてけぼりにされる ………………… 150

イチゴヤドクガエルの子どもは卵から生まれ、
卵を食べて育つ ………………………………… 152

シロナガスクジラの赤ちゃんは1日に90kg太る … 153

おとなのホタルは何も食べない ………………… 154

8 さみしくて、せつない。

- キツネは一生朝から晩までずーっとひとりぼっちで過ごす …… 156
- オンチなクジラは迷子になる …… 158
- コアラは1日に15分しかまともに動かない …… 160
- カゲロウの成虫の命は1日ももたない …… 161
- ウミガメは母親の顔を知らない …… 162
- タコには友だちがいない …… 164

- ヌーの誕生日はみんなだいたい同じ …… 166
- トカゲは自分でうんだ卵を食べる …… 168
- ホシガメの性別は気温しだいで変わる …… 169
- オオバンの両親はめちゃくちゃ子どもをえこひいきする …… 170
- フィッシャーのメスが妊娠してないのは1年で15日間だけ …… 172
- アブラツノザメは2年間妊娠しっぱなし …… 173
- タツノオトシゴは動物界で唯一、オスが妊娠する …… 174
- カザノワシは子どもに命がけのけんかをさせる …… 176
- クモの母親は子どもに自分を食べさせる …… 177
- オポッサムは大量の子どもをおんぶしたまま動き回る …… 178

さくいん …… 179
訳者あとがき …… 183

9 子育てだって、せつない。

この本の楽しみかた

① せつない真実
せつなさを知る

② 解説
せつなさを味わう

③ ミニ図鑑
ちょっとだけ
生き物のことを知る

いつ読んでもかまいません。
どこから読みはじめても楽しめます。

1 ちょっとした、せつない告白。

ウマは笑う。
でも、じつは空気のにおいを
かいでるだけ

ちょっとした、せつない告白。

1

　ウマの顔を見ていると、くちびるをまきあげ、歯をむきだしにして笑っていることがあります。

　しかし、別に何かが楽しいわけではありません。これは、気になるにおいを感じたときに起きる"フレーメン反応"というもので、たっぷりにおいをかぐために、空気をすばやく鼻に送りこんでいるだけです。

　ちなみに、シカやネコ科の大型動物も同じ反応を見せます。ペットとして飼われているネコに変なにおいをかがせると、「くっさ……」みたいなしかめっつらになったり、口を半開きにして放心状態になったりしますが、これもこの反応によるものです。

ほ乳類

ウマ

大きさ 体長 2.4m
生息地 家畜として世界中で
飼われている

いななきもなかまに
対する呼びかけで、笑って
いるわけではない

17

ワニの脳はオレオより軽い

平均的なワニの体重は、180kgもあります。でも、脳の重さはわずか8〜9gしかありません。
一方で、オレオ1枚の重さは10gもあります。

ミシシッピワニ
- 大きさ　全長4m
- 生息地　アメリカの川や沼
- 爬虫類のなかでも、体重に対する脳の割合はとくに小さい

カンガルーは けんかに負けると せきをする

1 ちょっとした、せつない告白。

きみ、強いね、ゴホッ…

　カンガルーは「まいりました」という服従のしるしに、せきをします。
　だからもし、あなたがきげんの悪そうなカンガルーと出くわしてしまった場合、ゆーっくりと大きな音をたててせきをしながら、後ずさりをすると（たぶん）逃げられます。これ、専門家が言っている本当の話ですよ！

ほ乳類
アカカンガルー
- 大きさ　体長1.2m
- 生息地　オーストラリアの乾燥した草原
- ✎　オスは太いしっぽでしっかりと体をささえ、両足でドロップキックをする

19

ゴリラは人間からかぜをうつされる

1

ちょっとした、せつない告白。

　ゴリラと人間の遺伝子は98％以上が同じ。遺伝子とは生物の体の設計図のようなもので、つまり、ゴリラと人間の体のつくりはひじょうに似ているのです。

　そのため、多くの種類の細菌やウイルスが人間からゴリラにうつります。かぜひきゴリラは、人間と同じく鼻水、せき、くしゃみ、だるさなどの症状に苦しみます。野生のゴリラでさえ、観光客からかぜをうつされることがあるそうです。

　ゴリラの命にかかわることもあるので、かぜやインフルエンザのときは動物園には行かないようにしましょう。

ほ乳類

ヒガシゴリラ

大きさ 体長 1.6m

生息地 アフリカの森林

オスはメスよりも大型で、背中の毛が白くなる

21

カラスは
きらいな人間の顔を
忘れない

根にもつ
タイプなのだ

アメリカのワシントン大学の実験によって、カラスは自分にいやなことをした人間の顔をしっかり覚えていて、**きらいな人間だけをピンポイントでおそうことが確認されました**。そのうえかれらは、ほかのカラスに「**あいつをやっつけようぜ**」と協力まで求め、集団で攻撃することもあるそうです。

アメリカガラス

鳥類

- 大きさ 全長 45cm
- 生息地 北アメリカの森林や草原
- カラスのなかまは鳥類のなかで最も新しく進化してきたグループ

ハトは
めんどくさいことを
先のばしにする

1 ちょっとした、せつない告白。

いま
やろうと
思ってたところ!

　これは、ある実験によってわかった事実です。まず、板をつつくとえさがもらえることをハトに教えます。板が出てきて15秒以内なら8回つつけばすみますが、それ以上先のばしした場合、40回つつかないとえさは出てきません。でも、結果はいつも同じ。つつく回数が増えようとも、ハトはできるだけ長く休んでからつつきを開始したそうです。

鳥類

カワラバト

- 大きさ　全長35cm
- 生息地　世界中の平地
- 大昔から飼育されており、伝書鳩として使われるほど記憶力はいい

トカゲは自分のしっぽを食べる

捨てるともったいないし…

　トカゲのなかまには、敵から身を守るために自分のしっぽを切るものがいます。敵がしっぽに気をとられているすきに、トカゲ本体はまんまと逃げおおせるわけです。
　切れたしっぽには、かれらにとって貴重なカルシウムなどの栄養素がたっぷりふく

1

ちょっとした、せつない告白。

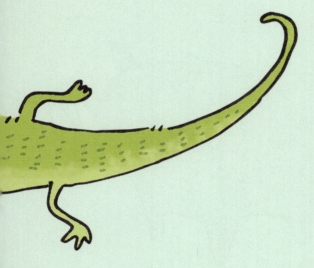

まれています。そのため、敵がしっぽを食べずに去った場合、わざわざしっぽを食べにもどって来るトカゲもいるんだとか。

ちなみに、ペットとして飼われているトカゲは、ストレスを感じると無意味にしっぽを切ることがあるので注意しましょう。

爬虫類

グリーンイグアナ

- 大きさ　全長1.5m
- 生息地　中央アメリカから南アメリカの森林
- ペットとしてよく飼われている。小さいうちはとくにしっぽを切りがち

サイは悲しそうに鳴く

意外かもしれませんが、**サイは鳴きます。**しかも、状況によってさまざまな声を使いわけます。

なかでも、迷子になったサイがなかまを呼ぶときの声は、ものすごく悲しそうなのだそうです。

ほ乳類

クロサイ

- 大きさ：体長 2.8m
- 生息地：アフリカの森林
- 草よりも木の葉が好きで、とがったくちびるで葉をむしり取って食べる

ファイアサラマンダーは ときどき 家族を食べる

1 ちょっとした、せつない告白。

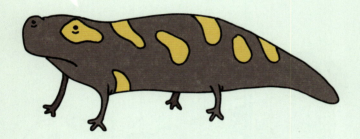

わけあって天涯孤独なんです

ファイアサラマンダーは、サンショウウオのなかま。カエルと同じ両生類です。いつもは平和に小魚や虫を食べていますが、食べ物にこまると、ほかの種のサンショウウオを食べます。

それどころか、おなかがペコペコだと、自分の家族でさえも容赦なく食べてしまうそうです。

両生類
ファイアサラマンダー
- 大きさ 全長20cm
- 生息地 ヨーロッパの森林の水辺
- 耳のうしろから白い毒液をいきおいよく発射する

27

ラッコと
いっしょに泳ぐと、
人間は
1時間で
死ぬ

さぁ
ごいっしょに！

ちょっとした、せつない告白。

1

ラッコが泳ぐ海の水は、氷よりも低い温度です。ふつう水は0℃で凍りますが、海水は塩分をふくむため凍りません。もしここに人間がつかっていたら、寒すぎて1時間で死にます。

そんな極寒の海でもラッコが生きていけるのは、全身にびっしり生えた毛のおかげ。この密度がはんぱではなく、およそ6㎠（たて横2.5cmくらいの四角）の中に、人間の髪の毛ぜんぶと同じくらいの毛が生えています。

重要なのは、その毛を何時間もかけてふわふわに毛づくろいし、空気の層をつくること。空気が熱をさえぎるので、ふわふわにしておけば体温が逃げず、冷たい海でもこごえないのです。

ほ乳類

ラッコ

大きさ 体長90cm
生息地 北太平洋の沿岸
特徴 皮ふがたるんでおり、わきの下にものをしまっておける

29

ネズミには ほかのネズミの 悲(かな)しみが うつる

なやみが あるなら 言ってごらん？

ネズミは、とても空気が読める動物。ある研究では、近くに元気がないネズミがいると、まわりの元気なネズミまでじっと動かなくなりました。しかも、ネズミどうしが顔見知りの場合、さらに相手の変化に気づきやすくなったのです。

ネズミのそばでは、うかつに落ちこまないようにしましょう。

ハツカネズミ ほ乳類
- 大きさ 体長7cm
- 生息地 世界中の人家周辺など
- 実験動物として世界中の研究施設で飼育されている

モルモットは目を開けて寝る

そっとしておいてください

1 ちょっとした、せつない告白。

もちろん、安心しきっているときに目を閉じて寝るモルモットもいることはいます。でも、まれ。

もしあなたがモルモットを飼っていて、その子がどこかをぼーっと見つめていたら……たぶん、眠っています。

モルモット ／ ほ乳類
- 大きさ：体長30cm
- 生息地：家畜として世界中で飼われている
- もともとは食用として、南アメリカの原住民の手で家畜化された

アデリーペンギンは、がけからなかまをつき落とす

信じられるのは自分だけ

アデリーペンギンは、なかまを"いけにえ"に
します。

　かれらはむれで行動しますが、いっせいに
海に飛びこむようなまねはしません。ペンギ
ンたちはまず、おしくらまんじゅうをして、高さ2
mのがけっぷちから1羽をつき落とします。する
と、ほかのペンギンたちはいっせいに首をの
ばし、じーっと下のようすをうかがうのです。

　落ちた1羽が敵におそわれたりせず無事
だったら、海の中は安全。残りのみんなは安
心して海に飛びこめる、というわけです。

鳥類

アデリーペンギン

大きさ 全長70cm

生息地 南極周辺の海辺

極寒の南極大陸で子
育てをする2種のペンギン
のうちのひとつ

1

ちょっとした、せつない告白。

33

ニシンは おならで 会話する

今日は おしゃべり したい気分♪

ニシンは、ひじょうに耳のいい魚です。そこで、声を出せないかれらがあみ出したのが、おならによるコミュニケーション。
ニシンたちの会話は、おならをしたり、相手のおならの音を聞き取ったりして成り立っています。

硬骨魚類

ニシン

- 大きさ 全長 30cm
- 生息地 北太平洋の沿岸
- 大きなむれをつくり、寒い海を回遊している

アナホリフクロウは
こわいことがあると
笑ってしまう

1 ちょっとした、せつない告白。

そういうことってあるよね

アナホリフクロウは、ふだんはフクロウらしく「ホー、ホー」と鳴きます。でも、恐怖を感じると「クワッ、クワッ」と、かん高い声になり、まるで笑っているように聞こえるのです。

毒をもつガラガラヘビの声をまねしているという説がありますが、ちゃんと効果があるのかは、よくわかっていません。

鳥類

アナホリフクロウ
- 大きさ 全長23cm
- 生息地 北アメリカから南アメリカの砂漠や草原
- 世界最小のフクロウだが、あなをほる足だけはみょうに長い

ウミイグアナの
鼻(はな)をなめると
しょっぱい

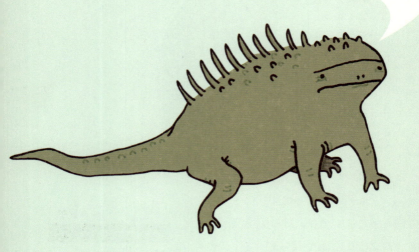

味見(あじみ)は
自己責任(じこせきにん)でね

1

ちょっとした、せつない告白。

　ウミイグアナの顔をよく見ると、鼻のまわりが白くなっていることがあります。それは、もようではありません。塩です。

　かれらの主食である海藻が生えているのは、海中の岩。ウミイグアナは、それを歯でけずり取って食べるので、食事中にたっぷりと塩水を飲んでしまいます。

　そこでかれらは「ブシュン」というくしゃみとともに、よけいな塩をはき出すのです。

爬虫類

ウミイグアナ

大きさ　全長 1.3m

生息地　ガラパゴス諸島の海辺

寒いのが苦手なので、海には短い時間しかもぐれない

37

ハイエナの好物はくさった肉

ぼくの息、くさい？

ハイエナはくさった肉を食べても病気になりません。
　というのも、かれらの胃酸は超強力で、病気の原因となる細菌を殺してしまうから。ちょっとくさっているくらい、何でもないのです。

ほ乳類
プチハイエナ
- 大きさ　体長1.4m
- 生息地　アフリカのサバンナ
- ほかの肉食動物が食べ残したかたい骨もくだいて食べる

ライオンのオスは狩りをしないくせに先に食事をする

1 ちょっとした、せつない告白。

ほら、残り物には福があるって言うじゃない？

ライオンの場合、狩りをするのはメスの仕事です。

でも、食事の順番はなぜかオスが先で、メスと子どもはあと。たとえおなかが空いていても、メスと子どもは、オスが食べ終わるのをじっと待たなくてはならないのです。

ほ乳類

ライオン

- 大きさ 体長 1.9m
- 生息地 アフリカとインドの乾燥した草原
- むれの乗っ取りをふせぐため、オスは狩りでつかれないようにしている

ちょっとした、せつない告白。

1

　実際のところ、イヌがテレビを見ても、楽しくもなんともありません。
　じつは、人間以外の動物は、テレビをきちんと見ることができないのです。というのも、イヌの目は人間よりもすばやい動きがよく見えるため、テレビは動画ではなくパラパラまんがのように見えています。
　イヌがテレビを見ることはありますが、それは好きだからではなく、楽しそうなわたしたちに付き合ってくれているだけのようです。

ほ乳類

イヌ

大きさ　体長70cm

生息地　家畜として世界中で
　　　　飼われている

😣　1秒間のコマ数が多
　　いハイビジョン放送ならイ
　　ヌの目にもふつうに見える

41

カメは
おしりのあなから
息をする

ふう、ふう…
あっ、これ
おしりのあなの
音です

カメは鼻でも呼吸できるくせに、わざわざ、おしりのあなで呼吸します。じつは、おしりのあな呼吸法は、鼻呼吸よりも筋肉を使わないため、省エネらしいのです！

こうしてかれらはコツコツと、冬眠中の体力をまじめに節約しています。

爬虫類

モリイシガメ

- **大きさ** 甲羅の長さ20cm
- **生息地** 北アメリカの湿地や沼
- 冬になると水中で冬眠し、おしりや口の粘膜で呼吸する

1 ちょっとした、せつない告白。

ウシのお乳の量は、気持ちに左右される

あ〜落ちつく〜

　ウシは、おだやかな癒し系の音楽を聞くと、たくさんお乳を出します。これは、ウシがリラックスすると"オキシトシン"という、乳を出す効果のあるホルモンが脳内に増えるからです。

　なぜ、そんなことがわかったかって？ イギリスの大学の科学者が「**ウシがたくさん乳を出す音楽**」という研究をしたからですよ。

ほ乳類
ウシ
大きさ　体長 2.5m
生息地　家畜として世界中で飼われている
乳牛が1日に出す乳の量は、だいたい30ℓ

ゴリラは ウソをつく

アメリカのカリフォルニアには、ココという名前の1000種類以上の手話を使って人間と会話ができるゴリラがいます。体重127kgのココは、先生であるフランシーヌ・パターソンさんと、ペットの子ネコといっしょにくらしています。

1 ちょっとした、せつない告白。

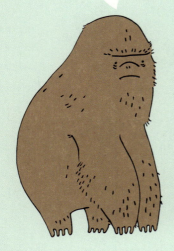

あれ、何か かっこよく なった？

そっちこそ！

ある日、ココの部屋の洗面台がこわされていることがありました。研究者たちが事情をたずねたところ、ココは「子ネコがやったのよ」と手話で返事。当然ながら、子ネコにそんなことをしでかす力はありませんから、ココのウソはすぐにバレました。

ほ乳類

ニシゴリラ

- 大きさ：体長 1.7m
- 生息地：アフリカの森林
- ニシゴリラのココは長生きで、2017年の7月時点で46歳

45

アボカドは
ハムスターには毒

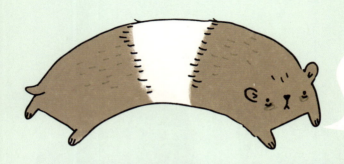

アボカドには
チューイして

ほかにもハムスターが食べられないものはたくさんあります。
せっかくなので、リストにしておきますね。

- コショウ
- 豆
- ほしブドウ
- アスパラガス
- ごぼう
- じゃがいも
- トマト
- ニンニク
- 玉ねぎ
- チョコレート
- 脂っこい肉
- などなど……

じつは、アボカドには"ペルシン"という毒素があります。これは人間には無害ですが、ほぼすべての動物にとっては毒。人間以外の動物がペルシンを食べると、はいたり下痢をしたりして、死ぬこともあります。ちなみに、ペルシンをふくむ食べ物は、アボカドだけです。

ほ乳類
ゴールデンハムスター
- **大きさ** 体長15cm
- **生息地** 西アジアの乾燥した草原
- **巣** 本来は地面の下に巣あなをほり、草の根や種子などを食べている

コロブスモンキーは、だれも食べたがらないものを食べる

1 ちょっとした、せつない告白。

えっ、あれってゴミだったの!?

コロブスモンキーのなかまは、かたい木の皮や、熟していない果物など、ほかのサルたちが見向きもしないものを、平気で食べます。

かれらの胃には2つから4つの部屋があり、時間をかけてゆっくり消化ができるので、消化の悪いものを食べてもおなかをこわさないですむそうです。

ほ乳類
アビシニアコロブス
- 大きさ 体長60cm
- 生息地 アフリカの森林
- 美しい長い毛がぬれてしまうのをいやがる

チンチラは、一度ぬれたらかわかない

シャワーは
かんべんして
ください

　チンチラの毛は、ものすごい密度で生えています。そのため、いったん体がぬれてしまうと、自然乾燥はむり。放っておくと、毛が固まったり、かびが生えたりして、皮ふ病になってしまうのです。

　でも、体が洗えないからといって、不潔なわけではありません。水のかわりに砂浴びをしているので、意外と体はきれいです。

ほ乳類

チンチラ

大きさ 体長 25cm
生息地 チリの山地
こう見えて運動神経がよく、1mもの高さまでジャンプできる

2

できなくて、
せつない。

シマウマは
ひとりで
寝(ね)られない

②　できなくて、せつない。

サバンナシマウマ　ほ乳類

- **大きさ** 体長 2.4m
- **生息地** アフリカの草原
- 飼育されているものは、ひとりでもよく眠れる

シマウマは草食動物なので、つねにいろんな肉食動物に命をねらわれています。それゆえ、うっかりひとりで眠ろうものなら、たちまちだれかの胃の中におさめられてしまうのです。

かれらはいかなるときも万が一にそなえており、まわりになかまがいない場合は絶対に眠らないようにしています。

一匹狼は遠吠えをしない

オオカミが遠吠えをするのは、なわばりを守ったり、むれのなかまに呼びかけたりするため。まれにですが、お祝いや、ひまつぶしで遠吠えをすることもあるようです。

むれのだれかが遠吠えをはじめると、すぐにほかのメンバーも続き、最終的に全員遠吠え状態になります。なかまが迷子になったときなどは大さわぎで、とくに長い時間をかけて呼びかけます。

一方、むれから追い出された一匹狼には呼びかける相手がいません。そのため、しぜんと遠吠えをしなくなるのだそうです。

ほ乳類

タイリクオオカミ

大きさ 体長 1.3m
生息地 北半球の森林
むれを乗っ取れないオスは一生を一匹狼として過ごす

ハエが出せる音は「ソ」だけ

カラオケに行きたいんだけど、ソだけで歌える曲、知らない?

ハエは羽をふるわせることでブーンという羽音を出します。その周波数は決まっているため、いつも同じ音が出ます。

そんなわけで、ハエがかなでられる音は「ソ」ひとつだけなのだとか。

昆虫類
イエバエ
- 大きさ 体長 7mm
- 生息地 世界中の民家の近く
- 幼虫は動物のふんや生ゴミを食べて育つ

フクロウの目玉は動かない

そのかわり、首が270度回るよ

フクロウの目玉はとても大きく、暗い中でもわずかな光をキャッチして、遠くまでよく見ることができるすぐれもの。

でも、あまりに大きすぎるため、目の奥にある強膜輪という骨にしっかり固定されています。だから、ほかの動物のように、目玉をキョロキョロと動かしてまわりを見ることはできず、首ごとぐるぐる回すしかありません。

鳥類
アメリカワシミミズク
- 大きさ　全長55cm
- 生息地　北アメリカから南アメリカの森林や草原
- 首の骨の数が多く、血管が通るすき間が広いので、首がよく回る

2 できなくて、せつない。

トリは宇宙へ行けない

空(そら)は飛(と)べるのにね

2

できなくて、せつない。

　トリが宇宙に行くとどうなるかというと、飢え死にします。なぜなら、かれらは重力のない場所で食事ができないから。

　人間のようなほ乳類の動物は、食道の筋肉を使って食べ物を飲みこみ、胃まで送っています。でも、トリはそういった体の機能をもちあわせていません。飲みこむときはもっぱら重力だよりで、くちばしを空に向けて食べ物を胃に落っことすのです。

　おまけに消化も完全に自力ではなく、あらかじめ飲みこんでおいた砂や小石に食べ物をすりつぶすのを助けてもらう始末です。

鳥類

ムジルリツグミ

大きさ　全長 18cm

生息地　北アメリカの山地

鳥類の種の60％は、

ツグミのような小型のスズ

メのなかま

57

リスは鏡にうつった自分の顔がわからない

このリス、タイプじゃないわ～

残念ながら、リスに鏡を見せたところで、かれらは何の反応もしめしません。
そもそも、鏡にうつった自分を見て、それが自分自身だとわかるのは、すごい能力。人間にとっては当たり前に思えるかもしれませんが、リスだけでなくたいていの動物は、鏡が何かわからないのです。

ほ乳類
トウブシマリス
- 大きさ 体長18cm
- 生息地 北アメリカの森林
- 交尾の季節以外は、いつもひとりでくらしている

エミューは うしろ向きに 歩けない

2 できなくて、せつない。

ムーンウォークって どうやるの?

　エミューはものすごいスピードで走ることができます。ただし、進むことができる方向は、前だけ。ちなみに、鳥なのに飛ぶこともできません。

　このとくちょうから、エミューはオーストラリアの「前進あるのみ」というモットーを表す鳥として選ばれ、カンガルーといっしょに国の紋章になったんですよ。

鳥類

エミュー
- 大きさ　全長1.7m
- 生息地　オーストラリアの草原や砂漠
- 濃い緑色の大きな卵を、オスだけが飲まず食わずで温め続ける

コウテイペンギンは家族の顔がわからない

ペンギンは、何千羽ものむれでくらしています。そのため、海から陸にもどって来ると、陸はペンギンでぎゅうぎゅう状態。そんななか、かれらは自分の家族を探しはじめるのですが、外見で判断するのは

2 できなくて、せつない。

あれっ
イメチェンした!?

まずむり。では、どうやって見つけるのかというと、においで探します。
　顔は覚えていなくても、においはしっかり覚えているため、この方法がペンギンにとっては時間もかからずかんたんなんだとか。

コウテイペンギン 鳥類
- 大きさ　全長1.3m
- 生息地　南極周辺の海辺
- 何千羽もの集団で子育てをするため、自分の子を見つけるのはたいへん

61

イルカは脳の半分ずつしか眠れない

ちょっとだけ、両目を閉じちゃおうかな

2

できなくて、せつない。

　イルカは、人間と同じほ乳類。水中では呼吸ができないので、ときどき鼻を水面に出して息つぎをしています。

　もし、かれらが完全に眠って体を休ませると、息ができずおぼれて死にます。

　そこであみ出したのが、脳の半分だけで眠る半球睡眠。左の脳が眠っているあいだは、右の脳が起きていて「呼吸せよ」と命じたり、考えごとをしたりしています。目をつぶるのも片方ずつで、ちょっとややこしいのですが、右の脳が寝ているときは左目を閉じるといった具合に、寝ている脳とぎゃくの目を閉じています。

ほ乳類

ハンドウイルカ

大きさ 体長3m
生息地 温帯から熱帯の海
昼に活動するため、半球睡眠は夜中に多く見られる

63

アザラシは水中では夢を見られない

はぁ……
早く陸で寝たいわ～

アザラシも、イルカ（62ページ）と同じく眠りながら泳ぐ"半球睡眠"ができます。脳の半分は起きているため、半球睡眠時のアザラシは夢を見ません。

でも、かれらは陸にあがって寝ることもあります。このときは脳全体を休ませられるので、夢を見るはず。いったい、どんな夢を見ているんでしょうね。

ほ乳類
ハワイモンクアザラシ

- 大きさ：体長 2m
- 生息地：ハワイの沿岸
- 熱帯でくらすめずらしいアザラシ。砂浜でよく眠っている

ゾウは
ジャンプができない

2 できなくて、せつない。

したことあるけど、
だれも
見てなかっただけ。
本当だよ？

ゾウは体重が重すぎて、2本以上の足をいっぺんに地面からはなすことができません。赤ちゃんのころなら、ほんの少しとべますが、おとなになったらジャンプなんて夢のまた夢です。

そのかわりといっては何ですが、じつはゾウは泳ぎがとても得意。浮力がある水中でなら、体を自由に動かせるためです。

ほ乳類

アフリカゾウ

- 大きさ 体長 7m
- 生息地 アフリカのサバンナ
- 陸上動物のなかで最も重く、最大で体重10トンをこえる

キリンが眠れるのは1日に3時間だけ

二度寝って やつをして みたいよ

　草食動物の睡眠時間はたいてい短いですが、なかでもキリンはとくに短く、およそ2〜5時間といわれています。時間の長さは、野生か飼育されているかなど、キリンのくらす環境しだい。ただ、いずれにせよかれらがわずかな時間しか寝ていないことに変わりはありません。

キリン　ほ乳類

- 大きさ　体長 4.2m
- 生息地　アフリカのサバンナ
- 飼育されているものは、しゃがんで首を丸めて眠ることがある

3

恋は、
せつない。

タスマニアデビルの
メスは、
強さへの
こだわりが
はんぱない

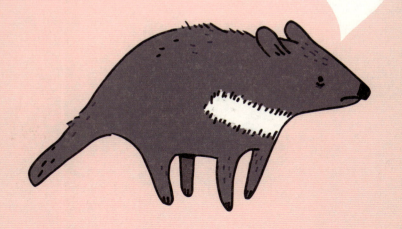

それ以外は
興味ない

3
恋は、せつない。

　タスマニアデビルのメスが結婚相手に求める
のは、とにかく強くて攻撃的なこと。

　メスは鳴き声でオスをさそい出しますが、おく
びょうそうなオスが寄ってきた場合は、**メスが相手
をやっつけて試合終了**。一方、オスが強暴で、メ
スをかんだり引っかいたりすると、恋に落ちてゴー
ルインするのです。

　しかし、それだけでメスはおさまりません。交尾
のあとでオスが寝てしまうと、別のオスを求めて
こっそり巣をぬけ出そうとします。あいにくオスが
目を覚ますと、オスはメスを引きずりもどし、鳴き
さけびながらの大げんかに発展。うまくぬけ出す
か、けんかに勝利したメスは、**さっさと別のパート
ナーを探しに行きます**。

ほ乳類

タスマニアデビル

大きさ 体長60cm

生息地 タスマニア島の森林

♥ えさの取り合いでも
けんかをするため、いつも
傷だらけ

69

カバは好きな子におしっこをかける

これがぼくの気持ち

カバは、おしっこをいろんなことに使います。なわばりを主張するときも、けんかに負けて「まいりました」と相手に伝えるときも、つねにおしっこをひっかけるのです。

そんなかれらは、**好きな異性にも、ちゅうちょなくおしっこをかけます。**

ほ乳類
カバ
大きさ 体長3.8m
生息地 アフリカの川や湖
遠くに出かけるときは、所々でうんこをして、帰るときの目印にする

メンフクロウの夫婦の離婚率は25%

3 恋は、せつない。

いい思い出です、いまは

メンフクロウは、夫婦になると一生を同じ相手と過ごすことで有名。結婚後は、毎年6個くらい卵をうみます。

ただし、離婚することもあります。2014年にスイスでおこなわれた観察によると、卵がかえらなかったりヒナがぜんぶ死んだりした夫婦は、離婚して別の相手と再婚したそうです。

メンフクロウ　鳥類

- 大きさ：全長35cm
- 生息地：世界各地の草原や農地
- 繁殖期以外は、夫婦は別居している

クジャクのオスは モテてるふりを するために 鳴く

※ 本当にイヤーンと鳴きます

3
恋は、せつない。

　クジャクのオスは、メスと交尾する前に、独特な声をはりあげて鳴きます。

　でも、近くにメスがいないのに、ひとりで大声をあげることもよくあります。これは、モテるふり。

　アメリカのデューク大学の研究者によれば、オスが「交尾するよ〜！」とひとりで勝手に鳴いているのをメスが聞くと「かれって人気者なのね♥」と思いこんでしまうんだとか。つまり、モテてるふりをしていると、結果的にモテモテになるのです。

鳥類

インドクジャク

大きさ 全長2m

生息地 南アジアの森林

オスは繁殖期になると、長い尾羽を広げて求愛する

73

コボウシインコは、好きなメスの口にゲロを流しこむ

そんなことされるとてれちゃう

　コボウシインコは口と口でキスするという、ほかの動物にはないとくちょうをもつことで有名な鳥です。

　ただ、キスといってもロマンチックな雰囲気はゼロ。なぜならキスの目的は、オスがメスの口にゲロを流しこむことだからです。

鳥類

コボウシインコ
- 大きさ 全長25cm
- 生息地 北アメリカから中央アメリカの森林
- インコのオスは発情すると、メスがいなくてもゲロをはきちらす

コオロギの メスは 鳴かない

3 恋は、せつない。

ただじゃ鳴かないよ

そもそも、コオロギが鳴くのは、オスがメスの気を引くためです。

オスは羽の中に発音器をもっていて、それをこすりあわせて鳴き声のような音を出しています。オスはまず"おさそい"の音で、メスをさそいます。そして交尾が成功すると、今度は"お祝い"の音を出して喜びを表現するそうです。

昆虫類

アッシミリスコオロギ

- 大きさ 体長 2.5cm
- 生息地 北アメリカから南アメリカの草原
- メスの羽にはギザギザがなく、こすり合わせても音は鳴らない

オスの子イヌは、メスとのけんかにわざと負ける

れでぃーふぁーすと、ってやつ?

　子イヌのオスとメスがけんかをすると、オスはどうにかしてメスを勝たせようとします。メスがかみつきやすいようなポーズをとるし、負けると「がんばったじゃん」と相手をほめるそぶりまで見せるのです。

　ちなみに、メスどうしのけんかは、けっこうはげしいそうです。

ほ乳類

イヌ
- 大きさ 体長70cm
- 生息地 家畜として世界中で飼われている
- 同じ性別どうしでは、どちらが強いか決めるため本気でけんかする

4

そのこだわりが、せつない。

フラミンゴのとくちょうは、胴よりも長い足を折り曲げて、片足立ちをしていること。一本足で立つのはたいへんそうなのに、あえて1日に何時間もそうしています。

その理由については、5つの仮説がありますが、どれが正解かはわかっていません。あなたはどれだと思いますか?

① 持ち上げているほうの足を休ませるため
② 片足を体にくっつけることで血のめぐりを良くし、体を温めるため
③ 両足を水の中に入れていると寒いため
④ 水の中にいる寄生虫をさけるため
⑤ 背の高い草のふりをして、水中のえものに2本足の動物だとバレずに近づくため

といっても、⑤の仮説は、ちょっと変。フラミンゴが食べる生き物のほとんどは、目が見えないものばかりですからね。

4 そのこだわりが、せつない。

鳥類

オオフラミンゴ

大きさ 全長 1.3m

生息地 ユーラシアから北アフリカの海岸や湖

片足立ちのときは関節が固定されるため、両足で立つよりつかれない

79

ワオキツネザルは
くさければ
くさいほど
出世する

4 そのこだわりが、せつない。

　ワオキツネザルが生きているのは、とにかく"におい"が物を言う世界。たとえば、自分たちのすみかのまわりの木などににおいをこすりつけ、なわばりをしめします。

　いちばんくさいメスがむれのボスとなり、メスどうしでなわばり争いもします。

　じゃあオスは何をしてるかというと、手首から出るくさい液をしっぽにぬりつけてふり回し、くさいほうが勝ちの"におい合戦"をしているそうな。ちなみに、この戦いは1時間続くこともあります。

ほ乳類

ワオキツネザル

大きさ 体長40cm

生息地 マダガスカルの森林

😠 「ワオ」とは鳴き声ではなく、「輪」がある「尾」という意味

81

ハクトウワシは巣を巨大化させすぎて木から落としてしまう

あ〜あ、またつくりなおし

ハクトウワシの夫婦は、一生をかけて巣づくりにはげみます。かれらが求めるのは、とにもかくにも大きいこと。そのため、巣はどんどん重くなり、ついには枝が折れて木から落ちることもあります。

どれくらい巨大化するのかというと、史上最大の巣としてはば2.7m、高さ6m、重さ1.8トンという記録が残っています。

鳥類
ハクトウワシ
- 大きさ：全長85cm
- 生息地：北アメリカの水辺
- 巣は産卵するときにしか使われず、前の年の巣を再利用する

セイウチは えものに フーフー息をかけて 食べる

4 そのこだわりが、せつない。

3秒ルールだよ!

セイウチの大好物である貝やエビやカニは、どれも海底の砂にうまっているため、ふつうにしていたら見つかりません。
そこでかれらは、海底にフーッと息をふきかけて、砂の中のえものを見つけ出すというテクニックをあみ出したのです。

セイウチ
ほ乳類
- **大きさ** 体長3m
- **生息地** 北極周辺の海
- 貝を食べるときは、ものすごい吸引力で貝殻から身を引きはがす

チュウハシは
わきのにおいを
かぎながら寝る

朝は息が
くさいかも…

そのこだわりが、せつない。

4

チュウハシは、大きなくちばしがとくちょ
うの、オオハシという鳥のなかま。
　このオオハシ科の鳥は、なぜかみんな
わきの下にくちばしをつっこんで寝ます。つ
ばさの下は温かいため、夜に体温が下
がらずにすむ、という説がありますが、く
わしい理由はわかっていません。人間で
考えると、ちょっといやですね。

鳥類
アカオビチュウハシ

大きさ 全長30cm
生息地 南アメリカの森林
オオハシのなかまで
くちばしが小さいものは、
チュウハシとよばれる

85

カモノハシは目をつむって泳ぐ

そのこだわりが、せつない。

4

カモノハシの顔には"まぶた"と"耳ぶた"があり、泳ぐときにはそれらを閉じて、目や耳に水が入るのをふせいでいます。

じゃあ、どうやって水の中でまわりのようすを察知するのかというと、くちばしを使います。

かれらのくちばしは、えものが発するわずかな電流をセンサーのように感じ取ることができるのです。これにより昆虫や小エビなどの小さなえものでも、見事につかまえてしまいます。

ほ乳類

カモノハシ

大きさ 体長38cm

生息地 オーストラリアの川や湖

オスのうしろ足には、強力な毒を打ちこむケヅメがある

87

トンボは
ひいおじいちゃんの
言い伝えを守って
旅している

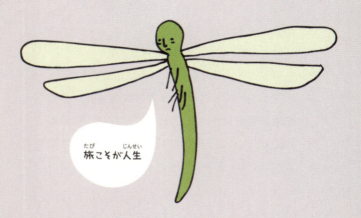

旅こそが人生

じつは、トンボの多くは、一生をかけてものすごい距離を移動しています。無数の国と海を横断し、夏のすみかと冬のすみかを行き来するのです。過酷な旅ですから、**死者だって出ます。**

でも、心配はいりません。旅のルートは子孫にちゃんと引きつがれ、なかには4世代かけてやっと一往復する種もいます。

昆虫類

ウスバキトンボ

- 大きさ：体長 4.5cm
- 生息地：熱帯から温帯の草原や水辺
- 日本で生まれたものは、秋になると東南アジアへ移動する

ニュウドウカジカ には 筋肉がない

キモかわいいって よく言われるん ですけど

5 へんてこで、せつない。

ニュウドウカジカの体は、**筋肉が少なく、ゼリーのようにプルプル**。この体、とにかく見た目はへんですが、意外とすごいのです。

というのも、体重が水より軽いため、何もしなくても浮きます。つまり、エネルギーをあまり使わずに海中をただよっていられるのです。

そしてそのまま大きく口を開け、入ってくるものを何でもがばっと飲みこんでしまうので、**食事の心配もいりません。**

硬骨魚類

大きさ 全長60cm
生息地 北太平洋の深海
陸に上げるとスライムのようにつぶれるが、泳ぐすがたはふつうの魚

91

ナマケモノのトイレは
週に1回だけ

……もうがまんできない！

　ゆっくり動くことで有名なナマケモノは、木の上で一生を過ごします。
　そもそも、かれらが木の上にいるのは、地上には敵がたくさんいて危険だから。だったらトイレも木の上ですればいいのですが、なぜか、週に1回わざわざおりて来ます。このふしぎなこだわりの理由は、まだよくわかっていないそうです。

ほ乳類
ノドチャミユビナマケモノ
- 大きさ　体長55cm
- 生息地　中央アメリカから北アメリカの森林
- 短いしっぽで木の根元にあなをほり、そこでトイレをする

チョウは足(あし)で味(あじ)を感(かん)じる

5 へんてこで、せつない。

うんこの上(うえ)にとまったらどうなると思(おも)う？

チョウの足(あし)には、食(た)べ物(もの)の味(あじ)を感(かん)じる"感覚毛(かんかくもう)"という毛(け)が生(は)えています。だから、葉(は)っぱの上(うえ)に立(た)つだけで味(あじ)がわかるのです。チョウはこの能力(のうりょく)を使(つか)っておいしい葉(は)を見(み)つけると、そこに産卵(さんらん)。イモムシたちは、生(う)まれながらにおいしい葉(は)にありつける、というわけです。

ちなみに、チョウ自身(じしん)は葉(は)を食(た)べません。歯(は)がないので、かめないから。

昆虫類(こんちゅうるい)

トラフアゲハ

- 大(おお)きさ：羽(はね)を広(ひろ)げた長(なが)さ10cm
- 生息地(せいそくち)：アメリカの草原(そうげん)や畑(はたけ)
- 卵(たまご)をうまないオスは、前足(まえあし)の感覚毛(かんかくもう)がメスの10分(ぶん)の1くらいしかない

ビーバーは つねに何(なに)かを かじっていないと 死(し)んじゃう

おせんべいは かた焼きが 好き

へんてこで、せつない。

5

　ビーバーは、何にでも歯を使います。枝を切るとか、ダムをつくるとか、カバノキやカエデやポプラの木の皮を食べるとか……。とにかく、いろんなものを1日中かじりまくっています。

　歯は毎日どんどんのびるので「使いすぎてすりへっちゃった」なんて心配は無用。心ゆくまでガリガリできます。

　ぎゃくに、何もかじらずに放っておくと、のびた歯が頭につきささったり、何かにひっかかって動けなくなったりして、最悪死にます。かれらは"かじり"を止めることができない運命なのです。

ほ乳類

アメリカビーバー

大きさ 体長80cm
生息地 北アメリカの川
切りたおした木で川をせきとめ、巨大なダムをつくる

ディクディクは なわばりを 主張するために 泣く

悲しくって泣いてんじゃないの

ディクディクは、アフリカのサバンナにすむ、大きな目をもつウシのなかま。かれらは、目からべとべとした黒い"涙"を出します。正確には目の下にある臭腺というところから出すのですが、それを木などにこすりつけ「ここから先に入ったら、ひどい目にあうぞ」とばかりに、なわばりをアピールするのです。

ほ乳類

キルクディクディク

- 大きさ 体長 75cm
- 生息地 アフリカのサバンナ
- 敵が近づくと、「ディクディク」と鳴いて家族に知らせる

トビイロホオヒゲコウモリが起きていられるのは1日に4時間だけ

へんてこで、せつない。

何しようか
考えてるうちに
1日が終わった

ほ乳類
トビイロホオヒゲコウモリ
- 大きさ 体長8cm
- 生息地 北アメリカの森林や洞くつ
- 夜に水辺を飛び回り、ユスリカやコガネムシなどを食べる

　トビイロホオヒゲコウモリの睡眠時間は、なんと1日20時間。
　えっ、たっぷり寝てためこんだエネルギーを何に使うのかって？　ほぼぜんぶ、昆虫をつかまえることに使うそうです。

へんてこで、せつない。

　アメリカグマの冬眠期間はほかのクマより長く、最長8カ月にもおよびます。冬眠中は心臓の動きがおそくなり、飲まず食わずで、おしっこもうんこもしません。

　春になってようやく目覚めると、かれらは巣あなのまわりをゆっくりと歩き回ります。これは"時差ボケ"をなおすためのリハビリで、ちゃんと動けるようになるまでに2週間もかかります。

ほ乳類

アメリカグマ

大きさ 体長 1.6m
生息地 北アメリカの森林
自分よりも体の大きい
ヒグマに出会うと、木に登って逃げる

パンダはどこでも寝る

これは夢…?

それとも、現実?

　パンダは1日のうち12時間は眠っています。

　でも、そんなに眠るくせに、どこで寝るかにはこだわりがないようです。かれらは眠気におそわれると、適当な場所でそのままゴロンと寝てしまいます。

ほ乳類
ジャイアントパンダ
- **大きさ** 体長1.4m
- **生息地** 中国の山地
- おとなになると、人間以外におそわれることはほとんどない

アリが寝るのは1日に16分間だけ

5 へんてこで、せつない。

働けど、
働けど、
わがくらし……

アリが眠るかどうかについて、じつは、はっきりしたことはわかっていません。
ただ、まちがいなく仮眠はとっています。
1日あたりの仮眠の長さについては、
①8分間の仮眠×2回
②1分間の仮眠×250回
という2つの説に分かれています。どちらの説が正しいにしても、アリはほぼ休みなく1日中働き続けているのです。

昆虫類
アカシュウカクアリ
- 大きさ 体長6mm
- 生息地 アメリカの砂漠
- ひとつの巣には、1匹の女王アリと1万匹の働きアリがいる

シュモクザメは電気に敏感

サメの鼻先には、ロレンチーニ器官という、電気を感じ取るゼリーのようなものがつまった部分があります。生き物は筋肉を動かすときにわずかな電気を発生させるため、サメは暗い場所や砂の下にかくれているえ

5 へんてこで、せつない。

ものを見つけ出すことができるのです。

サメのなかでも、シュモクザメのロレンチーニ器官は感度がばつぐん。これはひょっとすると、**かなづちのような頭の形のおかげかもしれません。**

軟骨魚類
アカシュモクザメ
- 大きさ 全長3m
- 生息地 熱帯から温帯の沿岸
- はばの広い頭の下面に、ロレンチーニ器官につながるあなが多数ある

コモリザメは1日に3本歯がぬける

ハミガキしなくていいの

コモリザメの口の中には、3000本もの歯がびっしり5列生えています。でも使っているのは前列の歯だけで、うしろの列の歯は、前の歯がぬけたときの予備。

夏になると食事の量が増えるため、かれらの歯はどんどんぬけます。ぬけにぬけた結果、サメが一生で使う歯は、ぜんぶで3万5000本にもなるそうです。

軟骨魚類

コモリザメ

- 大きさ：体長 2.5m
- 生息地：大西洋と東太平洋の沿岸
- ロブスターやサンゴなど、かたいものでもバリバリ食べる

ツチミミズには心臓が5つある

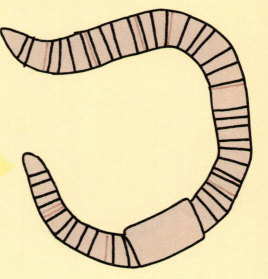

つまり、
ドキドキも
5倍ってこと

ツチミミズには鼻も、頭も、呼吸器も、足もないし、もっというと一生のうちでしなくちゃならないこともそんなにありません。
でも、心臓だけは5つあります。心臓がたくさんあるおかげというわけではありませんが、じつはミミズは切られても再生可能です。

へんてこで、せつない。

貧毛類

ツチミミズ
- 大きさ 体長20cm
- 生息地 世界各地の地中
- 日本でもよく見られ、ドバミミズともよばれる

カクレクマノミの体はぬるぬる

だっこは
できません

5

へんてこで、せつない。

　カクレクマノミは、カラフルで強い毒をもつイソギンチャクの中にすんでいます。かれらの体は、生まれつきぬるぬるした粘液でおおわれているため、**イソギンチャクにさされても平気**。ぎゃくに、敵から身を守ってもらっています。

　でも、まれに粘液バリアをもたない個体もいます。そういう場合、何度もイソギンチャクにさしてもらうことで、免疫をつくって毒になれるのだそうです。

　ところが、粘液バリアがあるのに、**あえてイソギンチャクにさされたがる、へんな趣味のもの**もいます。

硬骨魚類

カクレクマノミ

大きさ 全長 12 cm

生息地 インド洋から太平洋のサンゴ礁

むれのなかでいちばん大きなオスが、メスに性転換して卵をうむ

107

キツツキは長～い舌が頭がい骨をぐるりとおおっている

べろのおかげで生きてます

高速で木をコンコンつつくことから名づけられたキツツキですが、その衝撃にたえるため、変わった舌をもっています。**かれらの舌はものすごく長く、鼻から後頭部を通ってくちばしまで、頭全体をぐるりとおおっています。これがクッションのようになり、衝撃を吸収しているのです。**衝撃的な話でしょ？

鳥類
カンムリキツツキ
- 大きさ 全長45cm
- 生息地 北アメリカの森林
- 木をつついて、虫をつかまえたり、なかまと連絡しあったりする

メガネザルの目玉は胃よりも大きい

5 へんてこで、せつない。

すぐ
おなかいっぱい
になっちゃう

　メガネザルは、ギョロッとした大きな目で暗闇の中からえものを見つけ出します。

　この目のサイズは直径1.5cmほどで、たいして大きく思えないかもしれません。でもメガネザルは体がとても小さいので、胃はおろか、脳よりも、目玉のほうが大きいのです。

ほ乳類
ニシメガネザル
- 大きさ：体長14cm
- 生息地：インドネシアの森林
- 暗闇の中で3mもの大ジャンプをして、バッタなどの昆虫をとらえる

人間がハチドリなみに
エネルギーを
使うとすると
1日にハンバーガーを
400個
食べないと死ぬ

おなか いっぱい、って どんな感じ？

へんてこで、せつない。

ハチドリは猛スピードで羽ばたきながら、花の蜜をすう鳥です。その速さたるやすさまじく、人間でたとえるなら、つねにオリンピックのマラソン選手の10倍のエネルギーを使っています。

さいわい、花の蜜にはエネルギーになりやすい糖分がふくまれていますが、それでもかなりの量が必要。人間でいうなら、1日に14万キロカロリー、つまりハンバーガー400個を食べなくてはいけません。ふつうの人間が2カ月かけてとるカロリーと同じくらいです。

加えて、夜に寝るときは体温をぐっと下げ、呼吸や心拍数もへらしてエネルギーを節約するという、はなれわざの省エネ術を見せます。

鳥類

マメハチドリ

大きさ 全長5cm

生息地 キューバの森林

世界最小の鳥。ハチのように空中で羽ばたきながら静止できる

フェネックギツネは体の3分の1が耳

かくれんぼは苦手

　フェネックギツネは、キツネのなかではいちばん小さいくせに、耳だけで15cmもあります。
　この耳、ただ大きいだけではありません。耳の血管がよぶんな熱を放出するおかげで、暑い砂漠でもバテずにくらせるのです。おまけに感度もばつぐんで、砂の中にひそむえものが動く音も聞き逃しません。

ほ乳類

フェネック

- 大きさ 体長35cm
- 生息地 アフリカの砂漠
- 寒いときには耳をたたんで、熱が逃げないようにしている

カツオノエボシの体は たくさんの生き物が 集まってできている

5 へんてこで、せつない。

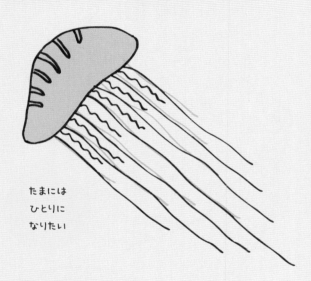

たまには
ひとりに
なりたい

カツオノエボシは、クラゲっぽく見えますが、**クラゲではありません。**

ちょっとややこしいけれど、カツオノエボシは「クダクラゲ」の一種で、たくさんの生き物が集まってひとつの生命体をなす「群体生物」とよばれるものです。

ヒドロ虫類

カツオノエボシ
- 大きさ 全長10m
- 生息地 熱帯から亜熱帯の海面
- ぼうしのような形の浮き袋から、海の下に長い触手がのびている

サソリは夜に活動するくせに暗闇で光っちゃう

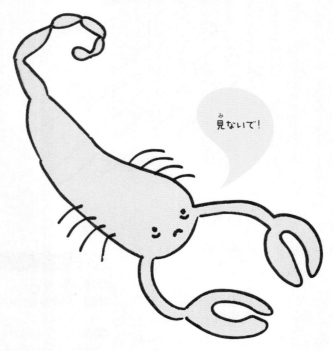

見ないで!

へんてこで、せつない。

　サソリは月の光にふくまれる紫外線を浴びると、蛍光性の青色に光ります。でも、理由はよくわかっておらず、とくにメリットもありません。むしろ、夜行性のサソリがそんな色で光ったら、えものに見つかって逃げられるおそれすらあります。

　ともかく、サソリが苦手でないのなら、満月の夜に見てみるのがおすすめです。

鋏角類
アリゾナバークスコーピオン

大きさ 体長6cm

生息地 北アメリカの乾燥した草原

生まれたばかりの子どもは、母親の背中で守られて数日間を過ごす

ヒツジが覚えられる顔は50個まで

新しい出会いはそんなにいらないよ

ヒツジは、なかまの顔をちゃんと見分けています。ただし、そんなにたくさん覚えるのはむり。

なかまの顔を思い出すとき、ヒツジの脳は人間の脳と同じようにはたらいていて、**好きな顔とそうでもない顔も区別できる**のだそうです。

ほ乳類

ヒツジ

- 大きさ：体長1.3m
- 生息地：家畜として世界中で飼われている
- ヤギとちがってあごひげはなく、草しか食べない

カタツムリの目は切られても再生する

目がひとつのときには苦労したよ

6

すごいけど、せつない。

カタツムリの目は触角の先についていて、切られても再生します。これだけでびっくりですが、もっとあぜんとする話をしましょう。

じつは、オカモノアラガイというカタツムリの触角には、ロイコクロリディウムという寄生虫がすんでいることがあります。これに寄生されると触角はふくらみ、緑・黄・赤の3色しまもようをつくり、のたくたとうごめくのです。

寄生虫の目的は、**カタツムリの触角をイモムシのように見せかけること**。すると、鳥がまんまとかんちがいして、寄生虫もろとも触角を食べてくれます。やがて鳥はそれを消化して、寄生虫入りのうんこをします。そのうんこをカタツムリが食べ、**寄生虫は新たなカタツムリの体内にすみつく**というわけ。この奇妙なサイクルは、地球のかたすみで永遠にくり返されています。

腹足類

オカモノアラガイ

大きさ からの高さ 2.5cm

生息地 日本やロシアの水辺

陸にすむ巻貝。湿ったところで落ち葉などを食べている

119

ミツバチは
500gのハチミツを
つくるために、
2000万円ぶん
働く

6

すごいけど、せつない。

　ミツバチは、小さな胃の中に花の蜜をため
て運んでいます。ミツバチ1匹が1時間働いて
つくれるハチミツは、わずか0.02gのみ。
　お店で売られているような500gのハチミ
ツをつくるには、2万5000時間もかかるので
す！これがどれくらいの労働時間かというと、
もしハチが時給800円で働いたら、お給料は
約2000万円になります。
　もっとも、かれらは実際にはお給料はもらえま
せんし、ハチミツも人間に食べられてしまいます。

昆虫類

セイヨウミツバチ

大きさ 体長1.3cm（働きバチ）
生息地 世界中で飼育されて
いる

😞 ミツバチが巣の外で
蜜を集めるのは死ぬ前の
1〜2週間だけ

121

ヤギは正面を向いていても自分のおしりが見えている

やだ…ちょっと太ったかも

ヤギの瞳孔の形は変わっていて、横長の四角形をしています。この瞳のおかげで、かれらは正面から真うしろまで、360度近い範囲を見ることが可能。

当然、どこを向いていようとも、つねに自分のおしりが視界のどこかに見えていることになります。

ほ乳類

ヤギ
- 大きさ 体長1.4m
- 生息地 家畜として世界中で飼われている
- すばやく敵を見つけられるものの、距離感をつかむのは苦手

タランチュラは
2年間何も
食べなくても
死なない

6 すごいけど、せつない。

来月こそ、
何か食べる

　タランチュラの寿命は、長いものだと20年。野生のタランチュラは、コオロギやバッタ、ときにはコウモリ、カエル、ネズミまでつかまえて食べてしまいます。

　そのうえ、食べるものがなくても、**最悪水だけあれば2年は大丈夫**。ただし、ペットとして飼われている場合、食べ物なしだとそんなに長くは生きられません。

鋏角類
ローズヘアータランチュラ
- 大きさ 体長6cm
- 生息地 南アメリカの砂漠
- 1回の食事量は多く、鳥の卵やひなを食べることもある

123

プラナリアは ふたつに切られても 死なないどころか、 記憶をもったまま 2匹に増える

　プラナリアは、再生能力があることで知られています。かれらの細胞は、体のどんな部分にでも変化できるため、切られた部分をまたつくれるのです。
　プラナリアが光をきらう習性を利用した、こんな実験があります。ライトで照らした場所にかれらの大好物のレバーを置き、そこ

6 すごいけど、せつない。

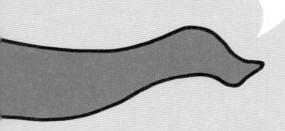

忘れるってむずかしいわけよ

に誘導して食べさせたあと、頭を切断。新しい頭が生えたプラナリアは、きらいなはずの明るい場所へ一直線に向かいました。頭とともに記憶も再生したのです。

さらにすごいことに、プラナリアは自分以外のプラナリアを食べることで、記憶を引きつぐことも可能なんだとか。

渦虫類
アメリカナミウズムシ
大きさ 体長1cm
生息地 北アメリカの川
食 昆虫の幼虫などを食べる。肛門はなく、うんこは口からはき出す

125

コビトキツネザルは家のまわりをうんこでかこう

今度うちに遊びにおいでよ!

ほ乳類
ピグミーネズミキツネザル
- 大きさ 体長6cm
- 生息地 マダガスカルの森林
- 世界で最も小さなサル。体重は30gくらいしかない

コビトキツネザル科のサルは、木の幹にあいたあなをすみかにしています。

かれらはせまいあなの中で丸くなって眠るのですが、うんこのせいで、そこはめちゃくちゃくさいそうです。

ラクダは100ℓの水を15分で飲みほす

すごいけど、せつない。

砂漠の乾燥がつらい

ラクダのこぶには水が入っていると思われがちですが、本当は脂肪がつまっています。そして食べるものがないとき、この脂肪のエネルギーで生きのびるのです。

そんなわけで、ラクダは水を飲まずに160kmくらい歩けますが、じつはのどがカラカラ。さいわいにも水を見つけると、できるだけたくさん飲むのだそうです。

ほ乳類

フタコブラクダ

- 大きさ 体長 2.8 m
- 生息地 中国とモンゴルの乾燥した草原
- 脂肪は背中にためるので、おなかにはつきにくい

ワニは、恐竜がいた時代からずっとワニ

恐竜はいまから約6600万年前か、6550万年前に絶滅したといわれています。
対してワニは、1億5000万年前から、ずーっと同じようなすがたで地球にいるのです。ちなみに、カエルやカメも、ワニといっしょに長い年月を生きぬいてきました。

6 すごいけど、せつない。

恐竜(きょうりゅう)くんに
また会(あ)いたいワニ

爬虫類(はちゅうるい)

アメリカワニ

大(お)きさ 全長(ぜんちょう)4m
生息地(せいそくち) 北(きた)アメリカから南(みなみ)アメリカの川(かわ)や海(うみ)
海(うみ)でもくらせるめずらしいワニ。カリブ海(かい)の島(しま)でも見(み)られる

オーストラリアでは、アカガニのせいで道路が通行止めになる

人間が勝手にやってるだけでしょ

すごいけど、せつない。

オーストラリアのクリスマス島には、数千万匹のアカガニがすんでいます。かれらは10月下旬になると、交尾のために森から海岸へ大移動します。

この移動により、昔は道路にカニがあふれ、車にひかれて死んだりタイヤをパンクさせたりしていました。そこで住人たちは、アカガニシーズン中、道路を通行止めにしたのです。また、道路の下に小さなトンネルをほり、カニ専用道路もつくりました。

住人たちがここまでするのは、アカガニが森にすみ、海岸で繁殖する生き物だから。たかがカニだとあなどるなかれ。かれらの身に何かが起きれば、森と海岸、両方の生態系に大きな影響をおよぼしかねないのです。

甲殻類

クリスマスアカガニ

- **大きさ** 甲羅のはば 11cm
- **生息地** オーストラリアのクリスマス島などの森林
- 普段は森でくらしているが、産卵は海に移動しておこなう

コイは200年生きられる

コイはひじょうに長生きで、平均寿命は25〜30年です。でも、200年くらい生きることもあります。

実際、世界でいちばん長生きしたコイが、1977年に226歳で死んだという記録が残っています。それは日本のコイで、名前は「花子」です。

硬骨魚類

コイ

- **大きさ** 体長60cm
- **生息地** 世界中の池や川
- もともとはアジア原産だが、大昔から世界各地に放流されている

キーウィは いやな思い出を 5年間忘れない

すごいけど、せつない。

5年前の あのとき、 あんたに だまされた

あるときキーウィ研究家のヒュー・ロバートソン教授は、録音しておいた鳴き声をテープレコーダーから流し、寄って来たキーウィをつかまえる実験をしました。たった1回だけの実験だったし、つかまえたキーウィもすぐに放しました。

でも、かれらはそのあと5年間、その場所に近づこうともしなかったそうです。

鳥類
ミナミブラウンキーウィ
- 大きさ 全長50cm
- 生息地 ニュージーランドの森林
- 鼻はよくきくが、目はあまりよく見えない。しかも飛べない

アホウドリは
19km先にある
死んだ魚の
においがかげる

ふ、この鼻からは
だれも逃れられ
ないのさ

6

すごいけど、せつない。

　昔、鳥はほとんどにおいを感じないと考え
られていました。

　ところが、1991年にガブリエラ・ネビットと
いう動物学者が、南極大陸で魚のにおいのす
る凧を空にあげたところ、アホウドリなどの鳥
がにおいにつられて集まってきたのです。

　いまでは、アホウドリは大海原の上をジグ
ザグに飛んで、ばつぐんの嗅覚で大好物を探
すことがわかっています。ちなみに、かれらの
大好物とは、海面に浮いている死んだ魚です。

鳥類

ワタリアホウドリ

大きさ 全長 1.2m

生息地 赤道付近から南極の
海辺

鳥のなかで最も翼が
長く、翼を広げると3mを
こえる

135

すごいけど、せつない。

テナガザルは歌うのが大好き。カップルの
メスとオスがデュエットし、ハモったりもします。
　テナガザルは種がちがってもだいたい同
じようなすがたをしていますが、"持ち歌"は
それぞれちがうようで、歌で種の区別がつく
ほどです。歌声の音量はかなりのもので、は
るか遠くまでひびきわたります。
　ただし、残念ながら歌といっても車のクラ
クションのような音なので、事情を知らずに
聞いた場合、ただの騒音でしかありません。

ほ乳類

シロテテナガザル

大きさ 体長50cm
生息地 東南アジアの森林
こう見えて、人間に
近い類人猿。しっぽはほ
とんどない

137

アライグマは小銭をぬすめるくらい手が器用

怪盗アライグマ参上！

アライグマは、とても器用に手を使います。頭を下にして木からおりるなんてよゆうだし、ドアも開けられるし、なんならカギだって開けられるかもしれません。

やってみないとわかりませんが、かれらの手にかかれば、人間のポケットに入っている小銭をこっそりぬすむのなんて、朝飯前なはずですよ。

ほ乳類

アライグマ
- 大きさ 体長50cm
- 生息地 北アメリカの森林
- 親指がほかの指と向き合わないため、片手でものをつかむのは苦手

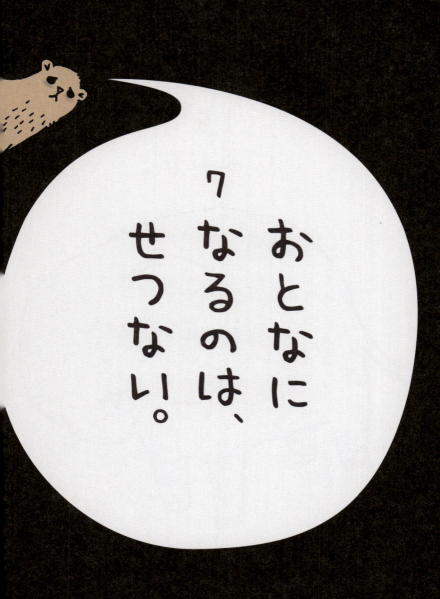

7 おとなに なるのは、 せつない。

ゾウの子どもは鼻をしゃぶる

7

おとなになるのは、せつない。

　人間の赤ちゃんが指をしゃぶるように、ゾウの赤ちゃんにも、何かを口にくわえてしまうくせがあります。たいていの場合、**しゃぶるのは自分の鼻**。これには気持ちを落ちつかせる効果があり、あるていど成長するまで続きます。

　ところが、**おとなのゾウもこの"鼻しゃぶり"をすることがあります。**不安になると、心をなだめるために、ついやってしまうのだそうです。

ほ乳類

アジアゾウ

大きさ 体長6m
生息地 南アジアから東南アジアの森林
鼻で食べ物を口に運んだり、水をすいこんで口に流しこんだりする

141

アヒルは生まれてから10分以内に見たものを何でも親とみなす

ぼくのママはサッカーボール。転がり方を教えてくれるんだ

おとなになるのは、せつない。

7

　鳥には、はじめて見た動くものを親だと思いこむ習性があります。これは"すりこみ"とよばれる現象。このすりこみによって、生まれてすぐに親とのきずなが結ばれ、自然界で生き残る方法を早いうちに覚えることができます。

　アヒルの子のすりこみはとくに激しく、長ぐつでも電車でも、動いていれば何でも親だと思いこんでしまいます。

　ママが長ぐつなんて、絵的にだいぶへんなので、そうならないよう、アヒルを育てている研究者たちは、アヒルの指人形を使ってヒナと交流をはかるのだそうです。

鳥類

アヒル

大きさ 全長60cm

生息地 家禽として世界中で飼われている

すりこみに失敗すると、アヒルを交尾対象とは思わなくなる

143

生まれた瞬間
キリンは2m落ちる

あいたたた

これじゃ先が思いやられる

キリンは立ったまま出産します。そのため、キリンの赤ちゃんがこの世で最初に出会うのは、ぼとりと落ちたところの地面。

赤ちゃんといえども、すでに頭のてっぺんまでの高さは180cmくらいあり、生まれてから1時間もたつと立ちあがります。

ほ乳類

キリン
- 大きさ 体長 4.2m
- 生息地 アフリカのサバンナ
- 立ち上がるのに時間がかかるため、しゃがむことはほとんどない

エリマキキツネザルの お留守番は、命がけ

7 おとなになるのは、せつない。

愛はだいじ。
でも食べ物
だってだいじ…

マダガスカルの森にくらすエリマキキツネザルは、一度に2〜6匹の子どもをうみ、高い木の上にある巣で子育てをします。赤ちゃんの世話をするのは父親の役目ですが、かれらは子どもそっちのけで食べ物を探しに行ってしまいます。

そのため、子どもの65％は敵に食べられたり、木から落ちたりして、3カ月以内に死んでしまうそうです。

ほ乳類
アカエリマキキツネザル
大きさ 体長50cm
生息地 マダガスカルの森林
妊娠期間は3カ月ほどと短く、赤ちゃんの体重は100g以下

145

サイチョウの
ヒナは
ひきこもり

7

おとなになるのは、せつない。

　サイチョウの子づくりは変わっていて、木の幹にあいた小さなあなを探すところからはじまります。

　卵をうむ準備ができると、メスはあなの中へ。するとオスは泥で入り口をぬりかため、メスを中に閉じこめてしまうのです。そのときに、ちょっとだけすき間をあけておくのがコツで、卵をうんで温めているメスに、そこから果物や木の実、昆虫を差し入れます。

　卵がかえって数日がたつと、メスはかべをこわして外に出てきます。ヒナたちも出てくる……かと思いきや、自力でかべをつくりなおし、そのまま何週間かひきこもり続けます。

鳥類

カンムリコサイチョウ

大きさ 全長55cm

生息地 アフリカの森林

😵 オスは長期間のえさ運びにつかれはてて、過労死することもあるらしい

147

ミーアキャットの赤ちゃんは、親から死んだサソリをプレゼントされる

ぼくにだって好みってもんが…

ミーアキャットの主食は昆虫ですが、サソリもよく食べます。かれらには特別な免疫があり、猛毒のサソリにさされても死なないのです。

そこで両親はおさない子どもたちに死んだサソリを与え、狩りの方法を実演つきでみっちり教えこみます。

ほ乳類
ミーアキャット
- 大きさ 体長28cm
- 生息地 アフリカのサバンナ
- 毒ヘビもよく食べるが、たまに返り討ちにされてしまう

おとなになるのは、せつない。

タテゴトアザラシは年に1頭、雪のように白い赤ちゃんを流氷の上でうみます。ところが2週間ほどたつと、母親はどこかへ消えてしまいます。

赤ちゃんは生後8週目まで、歩くことも、泳ぐことも、ごはんを食べることさえもうまくできません。つまり6週間ものあいだ、餓死やホッキョクグマの恐怖にたえなくてはならないのです。

かれらは最初のうちこそ親を探して鳴くものの、やがてじっと動かなくなって、エネルギーを節約しながら身をひそめるようになります。この期間の苦労で、赤ちゃんの体重は半分になってしまうそうです。

ほ乳類

タテゴトアザラシ

大きさ 体長1.7m

生息地 北極海と北大西洋

体重10kgの赤ちゃんは、濃厚な母乳を飲んで毎日2kgずつ体重が増える

151

イチゴヤドクガエルの子どもは卵から生まれ、卵を食べて育つ

ごめん。何言ってるかわからないよね…

カエルはふつう子育てをしませんが、イチゴヤドクガエルは子どもがひとり立ちするまでの2カ月間、夫婦でしっかりめんどうをみるめずらしいタイプです。

メスは一度に5個くらい卵をうみます。卵からオタマジャクシが出てくると、今度は無精卵※をうんで、それを子どもたちにえさとして与えるのです。

※どんなに待ってもオタマジャクシにならない卵

両生類
イチゴヤドクガエル
- 大きさ：体長2.3cm
- 生息地：中央アメリカの森林
- 体の表面から出す猛毒を、現地の人は吹き矢にぬって狩りに使う

シロナガスクジラの赤ちゃんは1日に90kg太る

7 おとなになるのは、せつない。

いやん、着られるお洋服がなくなっちゃう

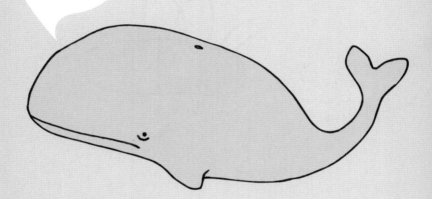

シロナガスクジラの赤ちゃんは、生まれたてでも**体長7〜8m、体重は2トン**ほどあります。

しかも、オキアミというものすごく小さいプランクトンしか食べないくせに、おとなになると**体長30m、体重が180トン**にもなるという驚異の成長を見せるのです。

シロナガスクジラ　ほ乳類

- **大きさ**：体長30m
- **生息地**：世界中の海
- **ごはん**：母乳の40%は脂肪分で、1日に190ℓも飲む

おとなの ホタルは 何も食べない

食べるのは 子どもの 特権

　ほとんどのホタルの成虫は、幼虫のときに食べてたくわえた栄養分だけで生きています。

　ただし、フォトゥリス属のホタルは例外。このホタルのメスは「交尾しよう」という光のメッセージを出して、喜んでホイホイ寄ってきた別の種のオスを食べてしまいます。

昆虫類
ホクトシチセイボタル
- 大きさ　体長1.2cm
- 生息地　北アメリカの湿地
- 幼虫は光りながら湿地を歩き回り、昆虫やミミズを食べる

8

さみしくて、
せつない。

キツネは一生朝から晩までずーっとひとりぼっちで過ごす

友だちって、どんなものかしら？

さみしくて、せつない。

8

　なかまとむれで狩りをしたり、毛づく
ろいをしたり、寄りそって眠ったりする動
物がいる一方で、**キツネは外でひとり、
しっぽで顔をおおって寝ます。**

　キツネのメスとオスがいっしょにいる
のは、子どもを育てるわずかな期間だ
け。その子どもも、あるていど大きくなる
とすぐ、ひとりでくらすようになります。

ほ乳類

アカギツネ

大きさ 体長 70 cm
生息地 北半球の森林や草原
子どもがひとり立ちす

るときには、ぐずることが
多い

157

オンチなクジラは迷子になる

さみしくて、せつない。

これは、世界でいちばん孤独なクジラの話。

1989年、北太平洋でひとりぼっちで歌う、迷子のクジラの音声が観測されました。**かれがひとりになった原因は、オンチだったこと。**クジラは歌でなかまと会話をするのですが、かれの声は、ほかのクジラよりもずっと高かったのです。いくら歌っても、**ほかのクジラは耳をかしません。**

おまけに、オンチのクジラはほかのクジラが通らないルートに迷いこんでおり、ぐうぜんなかまに出会うチャンスもないのです。かれの声はたびたび確認されているものの、そのすがたはまだ、だれも見たことがありません。

ほ乳類
ナガスクジラ
大きさ 体長20m
生息地 世界中の海
なぞのクジラはシロナガスクジラかナガスクジラの可能性が高い

コアラは
1日に15分しか
まともに動かない

おもな仕事は寝ることだから

　コアラの主食はユーカリという木の葉ですが、じつはこれ、ほぼ栄養がありません。そのためコアラは、1日中食っちゃ寝して、体力を節約しています。
　活発に動くのはせいぜい15分ていどで、毛づくろいしたり、近くに別のコアラがいればおしゃべりしたりします。何をしゃべってるかって? 内容はだれにもわかりません。

ほ乳類

コアラ

大きさ　全長75cm
生息地　オーストラリアの森林
　ユーカリには毒があるので、その消化にもエネルギーを必要とする

カゲロウの成虫の命は1日ももたない

8 さみしくて、せつない。

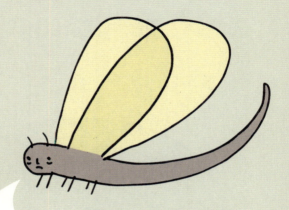

朝日を見たいけど、むりそう

カゲロウという虫は、成虫になってからの一生がおそろしく短く、わずか数時間で死んでしまうものもいます。成虫は何も食べないし、飲むこともありません。体には空気がつまっているだけです。

昆虫類

ドラニア・アメリカーナ

- 大きさ 体長1cm
- 生息地 アメリカの川
- 昆虫のなかで最も成虫期間が短く、羽化後30分以内に死ぬ

ウミガメは母親の顔を知らない

もちろん、お父さんの顔もね

さみしくて、せつない。

8

ウミガメは、母親と会うことなく一生を終えます。

母ウミガメは、産卵のために海から浜にやって来ます。そして、砂浜に浅いあなをほり、時間をかけて100個くらいの卵をうみ落とすのです。産卵を終えた母親は、さっさと海へ引き返し、そのままもどって来ません。

ウミガメの子どもたちは、自力で卵の殻をやぶって生まれ、これまた自力で海まではって行きます。当然、そこに母親のすがたはありません。

その後も、かれらは人生のほとんどの時間をひとりで過ごします。生まれながらに孤独に強いのでしょうか、ウミガメが2匹以上で連れ立っているところは、ほとんど目撃されることがありません。

爬虫類

アオウミガメ

大きさ 甲羅の長さ90cm
生息地 温帯から熱帯の海
(^^) 海にたどりついた子

ガメたちは、20年くらいかけておとなになる

163

タコには友だちがいない

家から出たくないし

タコはひとりでくらし、いつも海底の岩の下にあるすき間にひそんでいます。ちょうどよく転がっているつぼとかビンとかを見つけた場合、その中に入りこんで家にすることも。唯一外に出るのは、えものを狩るときだけです。

頭足類

ミズダコ

- 大きさ　全長60cm
- 生息地　熱帯から温帯の浅い海
- せまいすき間に入りこむ性質を利用して、タコツボで捕獲される

9
子育(こそだ)て
だって、
せつない。

ヌーの誕生日はみんなだいたい同じ

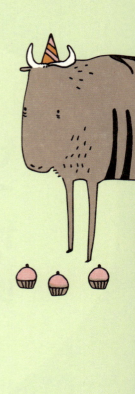

　ヌーはえさのある草原を求め、むれで移動し続ける動物。そのため、**かれらのチームワークの良さには、目を見張るものがあります。**

　かれらはいっせいに交尾をして、これま

9 子育てだって、せつない。

お祝いが
ざつなんだ
よね…

た3週間のうちにむれのみんなが出産。つまり、むれじゅうの子どもが、だいたい同じ日に生まれるのです。子どもたちは生まれてすぐに立ち上がるため、むれはスムーズに移動を続けることができます。

ほ乳類

オグロヌー

- 大きさ 体長2m
- 生息地 アフリカのサバンナ
- 出産は雨季のはじまる3月に多い

トカゲは自分でうんだ卵を食べる

ちょうどおなかも空いてたし……

トカゲは、敵の気配を感じると、自分でうんだ卵を食べてしまいます。ひどい話ですが、かれらにも事情はあります。

というのも、敵のいない安全な場所で卵をうみなおすためには、じゅうぶんな栄養が必要。貴重な栄養源である卵を、みすみす敵にわたすわけにはいかないのです。

爬虫類
イツスジトカゲ
- 大きさ 全長17cm
- 生息地 北アメリカの人家周辺
- アメリカ東部でよく見られる、背中に5本のすじがあるトカゲ

ホシガメの性別は気温しだいで変わる

9 子育てだって、せつない。

どうやら、ぼくの誕生日は寒かったらしい

ホシガメの卵がかえるのにいちばん適した気温は、だいたい29℃。この気温をさかいにして、オスが生まれるかメスが生まれるかが決まります。

気温が低いとオスが生まれ、高いとメスが生まれることが多め。もし、この法則が人間に当てはまったら、たいへんなことになっちゃうかもしれませんね。

爬虫類
ビルマホシガメ
- 大きさ 甲羅の長さ 20cm
- 生息地 ミャンマーの森林
- 土にうめられた卵は、2〜3カ月でふ化する

169

オオバンの両親は
めちゃくちゃ
子どもを
えこひいきする

ひどい話が
あったもんだ

9 子育てだって、せつない。

オオバンの両親は、生まれたヒナを"えこひいき"して育てます。

まず、両親は最初に卵からかえったヒナだけをかわいがります。上のヒナがえさをひとり占めして大きくなるため、あとからかえった下のヒナのほとんどは飢え死にします。

ところが1週間ほどたつと、両親はとつぜん、生き残ったいちばん下のヒナをかわいがりはじめます。上のヒナが食べ物をねだっても、かみついたり、頭をくわえてふり回したりして拒否。下のヒナはえさをたくさんもらい、そのうち上のヒナより大きくなります。まあ、いちばん上の子がそれまで無事なら、の話ですが……。

鳥類

アメリカオオバン

大きさ　全長38cm

生息地　北アメリカから中央アメリカの川や沼

生まれたてのひなはオレンジ色だが、6日ほどで目立たない色になる

171

フィッシャーのメスが妊娠してないのは1年で15日間だけ

いそがしいったら、ありゃしない

フィッシャーは3月の終わりごろに交尾をして、次の年の3月のはじめに出産します。それから数週間たつと、また交尾をして妊娠という具合で、ほぼ休みがありません。

つまり、1年365日のうち、350日ぐらいはずっと妊娠しているのです。

ほ乳類
フィッシャー
- 大きさ：体長1m
- 生息地：北アメリカの森林
- 大型のイタチのなかま。フィッシャーという名前だが魚は食べない

アブラツノザメは2年間妊娠しっぱなし

子育てだって、せつない。

9

男の子? 女の子? って聞かれるの、もううんざり

アブラツノザメの妊娠期間はおそろしく長く、18〜22カ月にもおよびます。

というのも、この種のサメの妊娠方法は変わっていて、おなかの中で卵をうむのです。そのまま卵はおなかの中でふ化して、赤ちゃんザメは、母親の体の中であるていど大きく育ってから、やっとこさおなかの外に出てくるのです。

軟骨魚類

アブラツノザメ

- **大きさ** 全長1m
- **生息地** 北太平洋の海底
- 赤ちゃんが生まれてくるときには、30cmくらいの大きさになっている

173

タツノオトシゴは動物界で唯一、オスが妊娠する

イクメン界ではだれにも負けない

子育てだって、せつない。

9

　タツノオトシゴは、オスが妊娠する魚です。オスがメスから卵を受け取り、おなかにある"育児のう"という袋の中に入れたら妊娠スタート。やがて準備が整うと、オスの体の色が変わったのを合図に、1000匹の赤ちゃんを12時間ほどかけて出産します。

　オスが妊娠するメリットは、どんどん子どもを増やせること。オスが妊娠しているあいだにメスが次の卵を準備しておけば、オスは出産後すぐにまた妊娠できるというわけです。

　ちなみに、タツノオトシゴは一生同じ相手としか夫婦にならず、たいへんラブラブですが、**意外にも生まれた子どものめんどうはみないそうです。**

硬骨魚類

ラインドシーホース

大きさ 全長15cm

生息地 北大西洋の西側の沿岸

赤ちゃんは20日ほどでふ化するが、生まれて3日くらいはまだ泳げない

175

カザノワシは子どもに命がけのけんかをさせる

勝者が
ワシの
後継者

カザノワシは毎年だいたい2個の卵をうみますが、育てるヒナは1羽だけです。
そのため、2つとも卵がかえってしまったときは、子どもたちにあえてけんかをさせ、じっとそれをながめます。そして勝敗が決まると、勝った子どもだけを育てるのです。

鳥類

カザノワシ

- **大きさ** 全長80cm
- **生息地** アジアの熱帯域の森林
- ほかの鳥のひなや卵を、巣ごとさらってしまうことがある

クモの母親は子どもに自分を食べさせる

9 子育てだって、せつない。

画像検索はしないでね

ムレイワガネグモというクモの母親は、80個ほどの卵を糸でくるんでうみます。
そして子どもが生まれると、母親は自分の内臓をドロドロにとかし、口うつしで子どもたちに食べさせて、世に送り出すのだそうです。ああ、なんて涙ぐましい話なんでしょう。

鋏角類

ムレイワガネグモ

- 大きさ　体長13cm
- 生息地　ヨーロッパから西アジアの砂漠
- 母親の体がしぼんで死ぬと、子どもたちは巣立っていく

オポッサムは大量の子どもをおんぶしたまま動き回る

ちょっと重すぎじゃない？

　オポッサムはいっぺんに20匹も子どもをうみます。赤ちゃんは人間の親指くらいの大きさしかなく、**母親のおなかのおっぱいをくわえたままくらします。**
　あるていど子どもが成長すると、母親は子どもを地面におろす……かと思いきや、**今度は背中によいしょと乗せて食べ物を**探しに行くのです。

ほ乳類

◆キタオポッサム
- 大きさ：体長45cm
- 生息地：北アメリカの森林や草原
- 最も子だくさんのほ乳類。一度に56匹もうんだ記録がある

さくいん　この本に登場した動物たち

ほ乳類
卵はうまないし、子どもは母乳で大切に育てられる。

- アメリカグマ …………………… 98
- アライグマ …………………… 138
- イヌ …………………… 40, 76
- ウシ …………………… 43
- ウマ …………………… 16
- エリマキキツネザル（アカエリマキキツネザル）… 145
- オオカミ（タイリクオオカミ）…………… 52
- カナダヤマアラシ …………………… 149
- カバ …………………… 70
- キツネ（アカギツネ）…………………… 156
- キリン …………………… 66, 144
- コビトキツネザル（ピグミーネズミキツネザル）… 126
- ゴリラ（ニシゴリラ）…………………… 44
- ゴリラ（ヒガシゴリラ）…………………… 20
- コロブスモンキー（アビシニアコロブス）…… 47
- サイ（クロサイ）…………………… 26
- シマウマ（サバンナシマウマ）…………… 50
- ゾウ（アフリカゾウ）…………………… 65
- ゾウ（アジアゾウ）…………………… 140
- チンチラ …………………… 48
- ディクディク（キルクディクディク）………… 96
- テナガザル（シロテテナガザル）………… 136
- トビイロホオヒゲコウモリ ………… 97
- ナマケモノ（ノドチャミユビナマケモノ）…… 92
- ヌー（オグロヌー）…………………… 166
- ネズミ（ハツカネズミ）…………………… 30
- ハイエナ（ブチハイエナ）…………………… 38
- ハムスター（ゴールデンハムスター）……… 46
- パンダ（ジャイアントパンダ）…………… 100
- ビーバー（アメリカビーバー）…………… 94
- ヒツジ …………………… 116
- フィッシャー …………………… 172
- フェネックギツネ（フェネック）………… 112
- ミーアキャット …………………… 148
- メガネザル（ニシメガネザル）…………… 109
- モルモット …………………… 31
- ヤギ …………………… 122
- ライオン …………………… 39
- ラクダ（フタコブラクダ）…………… 127
- リス（トウブシマリス）…………………… 58
- ワオキツネザル …………………… 80

179

海のほ乳類
祖先は陸上でくらしていたのに、
海にもどっていったものたち。

アザラシ（ハワイモンクアザラシ）	64
イルカ（ハンドウイルカ）	62
クジラ（ナガスクジラ）	158
シロナガスクジラ	153
セイウチ	83
タテゴトアザラシ	150
ラッコ	28

有袋類とカモノハシ
袋で赤ちゃんを育てるのが有袋類。
卵をうむのがカモノハシ。

オポッサム（キタオポッサム）	178
カモノハシ	86
カンガルー（アカカンガルー）	19
コアラ	160
タスマニアデビル	68

鳥類
こう見えて恐竜の子孫。
飛べない鳥も、祖先は空を飛んでいた。

アデリーペンギン	32
アナホリフクロウ	35
アヒル	142
アホウドリ（ワタリアホウドリ）	134
エミュー	59
オオバン（アメリカオオバン）	170
カザノワシ	176
カラス（アメリカガラス）	22
キーウィ（ミナミブラウンキーウィ）	133
キツツキ（カンムリキツツキ）	108
クジャク（インドクジャク）	72
コウテイペンギン	60
コボウシインコ	74
サイチョウ（カンムリコサイチョウ）	146
チュウハシ（アカオビチュウハシ）	84
トリ（ムジルリツグミ）	56
ハクトウワシ	82
ハチドリ（マメハチドリ）	110
ハト（カワラバト）	23
フクロウ（アメリカワシミミズク）	55

フラミンゴ（オオフラミンゴ） ……… 78

メンフクロウ ……… 71

爬虫類と両生類

どっちも4本足で卵をうむけど、
両生類の子どもはオタマジャクシ。

イチゴヤドクガエル ……… 152

ウミイグアナ ……… 36

ウミガメ（アオウミガメ） ……… 162

カメ（モリイシガメ） ……… 42

トカゲ（グリーンイグアナ） ……… 24

トカゲ（イツスジトカゲ） ……… 168

ファイアサラマンダー ……… 27

ホシガメ（ビルマホシガメ） ……… 169

ワニ（ミシシッピワニ） ……… 18

ワニ（アメリカワニ） ……… 128

魚類

水の中でひれを使って泳ぐ。
えら呼吸なので、陸ではくらせない。

アブラツノザメ ……… 173

カクレクマノミ ……… 106

コイ ……… 132

コモリザメ ……… 104

シュモクザメ（アカシュモクザメ） ……… 102

タツノオトシゴ（リーフィーシードラゴン） … 174

ニシン ……… 34

ニュウドウカジカ ……… 90

昆虫とクモ

体が小さくていろいろな環境に
進出できたから、種類がとても多い。

アリ（アカシュウカクアリ） ……… 101

カゲロウ（ドラニア・アメリカーナ） ……… 161

クモ（ムレイワガネグモ） ……… 177

コオロギ（アッシミリスコオロギ） ……… 75

サソリ（アリゾナパークスコーピオン） ……… 114

タランチュラ（ローズヘアータランチュラ） … 123

チョウ（トラフアゲハ） ……… 93

トンボ（ウスバキトンボ） ……… 88

ハエ（イエバエ） ……… 54

ホタル（ホクトシチセイボタル） ……… 154

ミツバチ（セイヨウミツバチ） ……… 120

181

さまざまな無脊椎動物

ぐにょぐにょだったり、かたかったり、
いろいろなものがいる。

アカガニ (クリスマスアカガニ) ………… 130

カタツムリ (オカモノアラガイ) ………… 118

カツオノエボシ ………………… 113

タコ (ミズダコ) …………………… 164

ツチミミズ ………………………… 105

プラナリア (アメリカナミウズムシ) ……… 124

訳者あとがき

世界でいちばん孤独なクジラは、ほかのクジラの耳にはとどかない52ヘルツの周波数で歌います。なかまとは決して会えないのに、それでもひとりぼっちで歌い続けるかれの気持ちはどんなでしょう。親に置き去りにされたタテゴトアザラシやウミガメは、そのときのつらさを思い出して泣いたりするのでしょうか。この本の著者のブルック・バーカーは、ちょっととぼけたかわいらしいタッチで悲しみやせつなさをかかえた動物たちを描き、インスタグラムなどを通していまも新作を配信し続けています。

あなたはどの動物に興味をもちましたか? 電車やバスに乗ってその動物に会いに行けるのなら、たずねてみてはどうでしょう。いままでに見たことがあったとしても、ちがう目でかれらを見ることができるんじゃないかな。ふうん、このテナガザルたちはハモってるんだ、とか、キリンはあんまり寝ないのにシャキッとしてるなあ、とか。アリをふみつぶす前に、かれらが寝る間もおしんで働いていることをちらりと考えるかもしれません。

すべての人間にそれぞれのとくちょうや人生があるのと同じで、人間以外のあらゆる生き物にも喜びや悲しみがあります。読者のみなさんがそんな動物たちをもっと身近に感じてくだされば、きっとブルックも大喜びでしょう。彼女はいまオランダにすんでいますが、その前はアメリカのオレゴン州で犬1匹と3匹のグッピーといっしょにくらしていました。ブルックによると、グッピーはまぶたがなくて昼寝ができないんだとか。そのグッピーたちが「夜は電気を消してよ」と頼んでくる声がきっと彼女には聞こえていたはず。将来はドリトル先生みたいにぜんぶの動物の言葉がわかるようになるかもしれませんね。

本書の日本語版製作にあたって、ダイヤモンド社の金井弓子さんにはたいへんお世話になりました。この場をお借りしてお礼を申しあげます。すばらしい本に仕上げてくださって、本当にありがとうございました。

服部京子

[著者]

ブルック・バーカー（Brooke Barker）

作家、イラストレーター、コピーライター。初の著書である本書が、ニューヨーク・タイムズ紙とロサンゼルス・タイムズ紙のベストセラーリストに載り、世界各国で翻訳出版された。イラストレーターとしての活動は幅広く、コカ・コーラやナイキの広告制作などにも参加。現在は夫とともにオランダのアムステルダムに住んでいる。
Instagram:@sadanimalfacts

[訳者]

服部京子（はっとり・きょうこ）

中央大学文学部卒業。訳書に『ボブという名のストリート・キャット』『ボブがくれた世界』（ともに辰巳出版）、『クレオ』（エイアンドエフ）がある。

せつない動物図鑑

2017年7月19日　第1刷発行
2018年7月10日　第13刷発行

著　　者───ブルック・バーカー
訳　　者───服部京子
発行所────ダイヤモンド社
　　　　　　〒150-8409　東京都渋谷区神宮前6-12-17
　　　　　　http://www.diamond.co.jp/
　　　　　　電話／03-5778-7232（編集）　03-5778-7240（販売）

編集協力 ─── 丸山貴史
ブックデザイン─ 辻中浩一
本文デザイン·DTP─ 吉田帆波・内藤万起子・角田真季
校正──────鷗来堂
製作進行──── ダイヤモンド・グラフィック社
印刷──────加藤文明社
製本──────ブックアート
編集担当──── 金井弓子

©2017 Kyokc Hattori
ISBN 978-4-478-10213-8
落丁・乱丁本はお手数ですが小社営業局宛にお送りください。送料小社負担にてお取替えいたします。但し、古書店で購入されたものについてはお取替えできません。
無断転載・複製を禁ず
Printed in Japan